超有趣的 GPT

AI 公子逆袭记

袁雪
徐溪遥
著

人民邮电出版社

北 京

图书在版编目（CIP）数据

超有趣的 GPT：AI 公子逆袭记 / 袁雪，徐溪遥著.
北京：人民邮电出版社，2024. -- ISBN 978-7-115
-63987-5

Ⅰ. TP18-49

中国国家版本馆 CIP 数据核字第 20249P5C05 号

内 容 提 要

　　AI（Artificial Intelligence，人工智能）是如何拥有 创造力的？图像和文本生成如何做到以假乱真？什么是 ChatGPT？人工智能的未来会怎样？这些问题都会在这个 有趣的故事中被一一解答。本书讲述了 AI 公子为了在心爱的千金小姐的招亲大会中获胜而努力学习的幽默故事。本书讨论了 AI 与人类学习的相似性，结合 AI 公子的学习过程讲述 ChatGPT 核心技术的发展脉络。

　　本书适合对 ChatGPT 感兴趣的人员阅读。

◆ 著　　　　袁　雪　徐溪遥
　　责任编辑　赵祥妮
　　责任印制　陈　犇
◆ 人民邮电出版社出版发行　　北京市丰台区成寿寺路 11 号
　　邮编　100164　电子邮件　315@ptpress.com.cn
　　网址　https://www.ptpress.com.cn
　　北京市艺辉印刷有限公司印刷
◆ 开本：880×1230　1/32
　　印张：3.875　　　　　　　2024 年 10 月第 1 版
　　字数：72 千字　　　　　　2024 年 10 月北京第 1 次印刷

定价：29.90 元
读者服务热线：(010)81055410　印装质量热线：(010)81055316
反盗版热线：(010)81055315
广告经营许可证：京东市监广登字 20170147 号

前言
PREFACE

2002 年的春天，我收到了国外导师发来的一篇关于神经网络的论文。神经网络是我的研究生课题。于是我这个成绩一般、无编程基础的笨女孩每天带着 3 本词典，翻译了千叶大学图书馆中关于神经网络的全部资料，开始了神经网络的苦学之旅。但 3 个月后，看着书上满篇的数学公式和前辈留下的几十万行代码，我还没能入门。千叶大学图书馆前的樱花树记录着勤学者的惆怅，我时常想象要是有一位良师益友能够用简单的语言带我入门这个略显抽象的领域该有多好。

如今 20 年过去了，神经网络已经成为我工作中重要的组成部分。人工智能技术也今非昔比，神经网络作为底层的技术将为人类社会带来历史性的变革，我在博士期间研究的人脸识别已经普及，人工智能已经成为热门的研究领域，ChatGPT 的热潮席卷全球……

然而，我惊讶地发现，那位能用简单语言带领大家入门人工智能的良师益友没出现，市面上仍然没有一本足够通俗易懂的人工智能科普书。

　　或许因为被淋湿过才会想着为他人撑伞，我和一个与当年的我一样正在入门人工智能的平凡女孩一起想出了这个AI公子逆袭的小故事。本书不仅融合了关于生成式AI、深度学习、神经网络的理论知识，还用幽默的语言与漫画讲解人工智能的底层理论体系和数学模型。

　　无论是对人工智能有兴趣的初学者，还是想要深入学习却无从下手的大学生，抑或是想要用简洁的语言教会学生的老师，都能通过学习本书轻松地入门人工智能，开启人工智能领域的探索之旅。

袁雪

目录
CONTENTS

第一回

失败的教育：机器学习的前世今生

 引子

很久很久以前，京城里住着一位勤劳的商人艾老爷，他白手起家，每日起早贪黑，兢兢业业地做着生意，在 50 岁时终于发家致富。

艾老爷中年得一子,这个孩子(也就是我们故事的主人公)自然在备受宠爱的条件下无忧无虑地长大。

从小养尊处优的生活让艾公子养成了呆萌的性格,让所有试图恭维老爷的访客们看到艾公子,再看看旁边精明能干的老爷,不由得联想到扶不起的阿斗,进而发出叹息:"唉……艾公子!"

久而久之,他便得到了一个响亮绰号——唉艾(AI)公子。

AI公子成年后,全家开始为他的婚事担忧。恰逢马家温婉美丽的小姐在半年后举行招亲大赛,全家人为了帮助他从招亲大会中脱颖而出,制订了名为"人工开发公子智能的"独特养成计划。

AI 公子经过多方打听，了解到马小姐最爱绘画艺术，于是他决定用自己"高超"的画技吸引她的目光。至于他的作品……好吧，看来他目前的水平也就只够做做白日梦了。

老爷决定支持他宝贝儿子的梦想，让这位看上去不聪明并且有点呆萌的 AI 公子在短时间内在这次招亲大赛中脱颖而出。

AI 公子的成长之路其实就是人工智能学习的过程，所以让我们先了解一下机器学习的原理。

 数字编码

要想理解 AI 系统是如何学习和推理的，首先要知道什么是数字编码。

科学小·常识

计算机的核心操作和存储都依赖两个数字——0 和 1，它们也被称为二进制位。可以认为，人们将计算机的中央处理器（Central Processing Unit，CPU）和内存设计成可以识别电压的两种状态，即高电压（通常表示为开或 1）和低电压（通常表示为关或 0）。

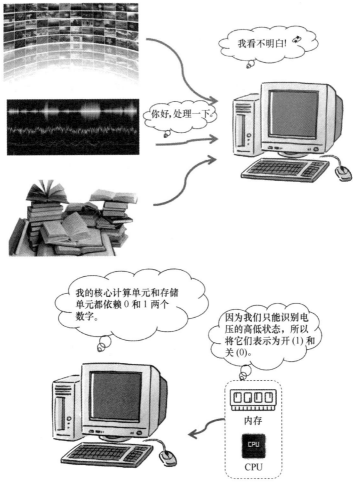

计算机内部采用二进制形式存储和处理数据、指令

因此，计算机只能直接理解和操作这些二进制数。为了使计算机能够处理类型更复杂的数据，如文本、图像和声音，我们需要先将这些数据转换为数字编码格式，再将它们表示为二进制格式。下面介绍常用的

数字编码方法。

◎ 文本的数字编码

当你向聊天机器人发送消息时，这条消息中的每个字符都被转换成一串数字，即数组。这样，AI 系统就可以根据这些数组回复你，尽管它并不真正"理解"文字的含义，但它知道如何对数字编码做出反应。

文本可以通过多种方式编码为数组。一种方式是将每个字符映射到唯一的数组，即字符编码；另一种方式是通过词嵌入的形式将单词转换为固定长度的向量[①]，这些向量可以捕获词义关系和语义信息，即嵌入向量。

◎ 图像的数字编码

当看到一张猫的图片时，你可以立即认出它是猫。但是，对于计算机来说，这张图片只是数百万像素（pixel）的集合，每像素用一个数字编码表示其颜色。AI 系统通过这些数组"理解"图片中可能有什么。

对于黑白图像而言，每像素对应一个值。

---

① 向量（vector）可以想象成从当前位置指向目标点的一个箭头。这个箭头有两个关键特征，即长度和方向。长度表示需要走多远，箭头越长，需要走的距离就越远。方向表示需要朝哪个方向走，如向北、向南、向东还是向西，或者与这些方向成某个角度。当你看到一个向量时，你可以认为它是一个指向特定目标的箭头，它会告诉你应该走多远以及应该朝哪个方向走。

用一个表格（矩阵）就可以表示一张黑白图像了，表格中的每一个数值代表一个像素，它们都是0~255的数字。黑色像素的值是0，白色像素的值是255，猜一猜灰色像素的值是多少。

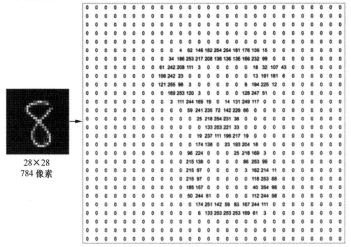

28×28
784 像素

　　而对于彩色图像而言，每像素都有红、绿和蓝（RGB）通道的值。图像中所有像素的颜色都是通过调节三原色的不同比例实现的。例如，红色像素的RGB值是（255，0，0），绿色像素的RGB值是（0，255，0），请你猜猜蓝色像素的RGB值。这些值通常为0~255。这样，我们就可以将一幅图像转换为一个数组（也就是矩阵①）。

_____

① 可以把矩阵（matrix）想象成一个表格。这个表格由行和列组成，每个单元格里都有一个数字，形态类似于Excel表格。矩阵就是这样的表格，它可以帮助我们描述数据，或者进行计算。

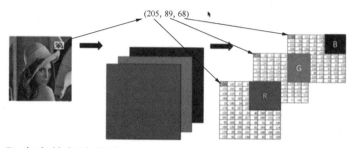

◎ 声音的数字编码

如果你对语音助手（如 Siri 或小度）说："播放我最喜欢的歌曲"，它首先会将声音转换为向量，然后通过 AI 系统解读那串数字，并做出相应的反应。

声音信号是连续的波形。通过采样技术，我们可以在短的时间间隔内捕获这些波形的值，从而将声音转换为向量。对于复杂的 AI 任务（如语音识别），声音还可以进一步转换为更高级的特征，如梅尔频率倒谱系数（Mel-Frequency Cepstral Coefficient, MFCC）等。

综上所述，在输入 AI 系统前，所有的资料都要先转换为矩阵或向量。因此，AI 系统可以被理解为数学模型，即从一个矩阵或向量转换成另一个矩阵或向量的函数。数字编码技术确保了 AI 系统可以有效地处理各种类型的信息。

当然，这位 AI 公子一点也不明白前面那些高端的计算机和数学常识。用通俗的话来说，他还什么也不会。不过，显然他自己并没有意识到这一点，依旧自信满满地憧憬着。

为了让 AI 公子接受更正规的培训，财主老爷在京城的大街小巷贴满了告示，为自家儿子重金聘请绘画老师。

不久后，4 位能人前来揭榜，这些人都有着独特的教学方式。他们是传说中机器学习的"四大门派"的传人，虽然这"四大门派"的学习方法各不相同，但是它们都属于机器学习这一大分支。而机器学习便是通往人工智能的必经之路。

 ## 机器学习

机器学习是人工智能的基础，让我们跟随 AI 公子了解机器学习的"四大门派"吧。

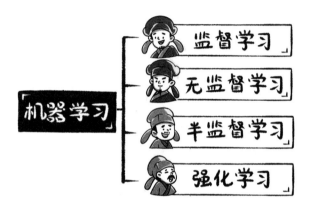

机器学习是人工智能的分支，研究计算机怎样模拟或实现人类的学习行为，以获取新的知识或技能，重新组织已有的知识结构，不断改善自身的性能。在机器学习中，计算机可以对输入的数据进行识别、处理并做出决策。就像我们学习新东西一样，机器学习可以通过观察和分析数据提高自己的性能。可以说，机器学习是一种让计算机变得更智能的方法。

计算机系统处理数据的过程主要分为 4 个步骤。

（1）将原始数据转换成数字编码。

（2）根据任务要求设计出相应的机器学习算法。

（3）通过机器学习算法将输入的数字编码转换为同样

是数字编码的推理结果。

（4）将推理结果翻译成我们最终想要的结果。

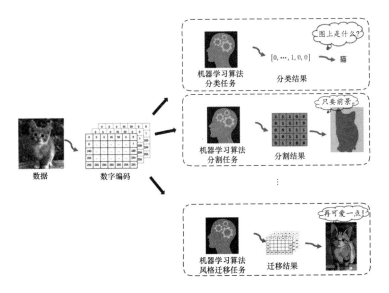

可以看出，机器学习算法的目的是将一组矩阵或向量转换成另一组矩阵或向量。

负责对 AI 公子进行教学的第一位先生是"无监督学习"门派的创始人吴先生。吴先生坚信"君子慎独"的道理，创建了一套自学体系，叫作"无监督学习"。用通俗的话来说，它就是埋头苦学。无监督学习是机器学习领域的一种重要方法，主要任务包括聚类、降维、异常检测等任务，在很多领域有广泛的应用。

不过，这种方法对 AI 公子是否有用就未尝可知了。

无监督学习

无监督学习的主要目标是从数据中找到隐藏的结构或模式，而不需要人工设置的标签或预先定义的输出。这里用一个简单的例子解释无监督学习。

假设有一些水果的照片，没有人告诉你每张照片上是什么水果。你的任务是观察并理解这些照片中是否存在某种模式或内在规律，从而将它们分成不同的组。聪明的你可能会发现：苹果是椭圆形的，并且顶部的中间有一点小小的凹陷；橘子也是椭圆形的，但顶部的中间有一点点凸起；香蕉是长的……在这种情况下，你使用的就是无监督学习的方法。当计算机被告知要将这些照片分成几组但没有被告诉如何分组时，计算机会分析照片之间的相似性，找到它们之间的共同特征，然后将它们分成不同的组。如果照片之间存在相似的颜色、形状、纹理等特征，AI 系统就会将它们分成不同的簇，以便用户查看被分好的每个簇，并确定它们分别代表什么水果。

无监督学习的关键是发现数据中的模式或结构，而不需要规定明确的标签或目标输出。该方法在数据分析、自然语言处理和其他领域都有广泛的应用。

经过几天的学习，大家发现这种全靠自己努力的方法并不适合我们的 AI 公子。

第一位先生被淘汰后，半先生登场了。这位先生来自大名鼎鼎的"半监督学习"门派，他提前做好了研究，知道艾老爷对儿子寄予厚望，决定将重点放在培养 AI 公子的临摹技能上。

他坚信模仿加写实是绘画的基础，所以让 AI 公子一边照着世界名画学习临摹，一边到外面去采风，练习风景画，自己领悟绘画技巧。这种方法又被称作"半监督学习"。

科学小·常识

半监督学习

半监督学习同时利用带标签的数据和无标签的数据进行训练（有标签的数据可以理解为带答案的数据，而无标签的数据就是不带答案的数据）。在半监督学习中，通常一小部分数据是有标签的，而大部分数据是无标签的。模型先尝试从这些带标签的数据中学习有用的信息，然后将这些信息应用于无标签的数据。半监督学习的目标是通过无标签的数据提高模型的性能，因为无标签数据通常更容易获取。

再假设要求计算机构建一个水果分类器，用于识别水果中的苹果、橘子和香蕉三个类别。用户提供了一些已标记的水果，但大多数样本没有明确的标签。半监督学习允许 AI 系统使用这些已标记的样本训练模型，并使用未标记的样本进一步提高模型的性能。

不过这位先生高估了 AI 公子的悟性。通过在名画与实景之间的反复切换，AI 公子的绘画风格变得更加凌乱了……

　　不同于前两位不靠谱的老师，第三位先生师从强化学习门派，该门派曾培育了举世闻名的 AlphaGo。其教育方式也很强悍，即在学生自学并不断尝试创作时，老师与学生互动，根据学生尝试的结果给予奖励与惩罚。例如，让 AI 公子自由作画，画得不好就让他面壁；画得好就给他一个大大的拥抱，这种方法名为"强化学习"。

　　这种教学方法过于激进，给 AI 公子造成很大的心理压力，在 AI 公子的强烈要求下，第三位先生也被淘汰。

科学·小常识

强化学习

强化学习的思路是让计算机通过不断尝试不同的动作，从环境中得到奖励或惩罚，逐渐学会在特定情况下做出最好的选择。它就像一个自学的游戏玩家，通过不断练习提高自己的技能，最终成为高手。这种方法有许多应用，如自动驾驶汽车、机器人控制和许多需要智能决策的领域。强化学习的目标是使计算机在不断变化的环境中自我学习，从而能够做出最佳选择，以实现特定的目标。

假设需要训练一个 AI 系统，让它可以控制游戏中的角色小鸟飞越不同的障碍物。

在这个任务中，AI 系统是智能体，游戏环境是虚拟的游戏屏幕。AI 系统需要学会控制小鸟，使它不断

地飞越障碍物，躲避障碍物碰撞，以获得尽可能高的分数。强化学习的过程如下。

（1）AI系统不知道如何玩游戏，因此它随机尝试不同的动作，比如单击屏幕使小鸟跳跃。

（2）游戏环境反馈AI系统的每个动作，告诉它当前的得分和是否发生了碰撞。

（3）AI系统根据反馈调整它的下一个动作，如果它成功飞过了一根管道，它就会记住这个动作有可能获得高分。

（4）AI系统在多次尝试后，逐渐学会了如何单击屏幕，以便在游戏中让小鸟不断飞行，最大限度地避免碰撞，并获得高分。

（5）通过不断尝试和学习，AI系统逐渐提高了控制小鸟实现飞越障碍的游戏表现能力。

这就是强化学习的基本思想：通过试错和奖励学会最优策略，从而在特定环境中取得最大的成功。这个过程类似于人类学习新技能的过程，只不过 AI 系统是通过算法来学习的。

前三位先生的方法都以失败告终。此时，"四大门派"之首——"监督学习"门派当家登场。他有着高超的绘画技巧，并总结了前三位先生的失败经验，给 AI 公子制订了严格的教学方案，并给这个方案命名为"监督学习"。

🦾 科学小·常识

监督学习

监督学习旨在让 AI 模型从带标签的数据中学习，训练完成的 AI 模型用于对无标签的数据进行预测或分类。这种方法需要有大量训练数据和与之对应的标签，以便 AI 模型可以从正确的示例中学习并掌握规律。

这里用一个简单的例子进行讲解。

假设我们要构建一个将电子邮件自动分类为"垃圾邮件"或"非垃圾邮件"的系统。此时你有一个包含许多电子邮件的数据集，每封电子邮件都有一个标签，指示它是垃圾邮件还是非垃圾邮件。

在监督学习中，你会将这些电子邮件的内容作为训练数据，将"垃圾邮件"或"非垃圾邮件"作为标签，然后训练一个机器学习模型。模型会学习从电子邮件的内容中提取特征，以便在看到新的电子邮件时，能够预测它是垃圾邮件还是非垃圾邮件。

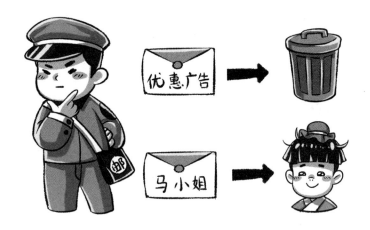

举例来说，垃圾邮件的内容通常包含一些特定的关键词（如"免费""优惠""赚钱快"等），监督学习模型可能会识别这些关键词，并将包含这些关键词的电子邮件标记为"垃圾邮件"。如果一封电子邮件的内容包含正常通信中经常出现的内容，那么模型可能会将其标记为非垃圾邮件。

监督学习的关键是有明确的训练数据和对应的标签，以帮助模型学习如何进行分类或预测。一旦模型经过训练并构建起来，它就可以处理新的、无标签的数据，例如，对新接收到的电子邮件进行分类。这种方法在实际应用（如文本分类、图像识别、语音识别等）中非常有效。

第四位先生来了之后，AI公子每天都要从早到晚地听课、背诵、训练、考试，先生拿出了他收集的成千上万张名画，从三庭五眼讲到透视画法，仔细备课，精选知识点，不断将知识灌入AI公子那并不聪明的大脑中。

在经过4位先生的轮流教导后，原本就不那么聪明的AI公子终于变成了更傻的公子！

4位先生的教学计划全部失败，4位先生也都被扫地出门了。

距离马小姐的招亲大赛只剩3个月了，而AI公子还什么都不会。

连大名鼎鼎的"四大门派"都无法教育好AI公子，看来AI公子在招亲大会上夺冠无望。就在老爷和AI公子陷入绝望之时，一位大侠揭下了招聘榜。

他认为自己超越几大门派，可以用一种方法打遍天下无敌手。无论你是平庸的还是出众的，无论你想学吟诗还是学作画，都能用他的秘诀学会。

这位神秘的大侠究竟是谁？他能否带领 AI 公子在招亲大赛上夺冠呢？

欲知后事如何，且看下回分解。

城门口告示

艾伦·图灵（Alan Turing）是 20 世纪最伟大的计算机科学家之一，他在数学、逻辑学、密码学和计算理论等领域取得了卓越的成就。他提出的"图灵机"概念对计算理论的发展起到了关键作用。

艾伦·图灵提出了著名的"图灵测试"，即如果一台计算机能够模仿人类对话，以至于人类无法辨别出它是人类还是机器，那么我们就可以说这台计算机具有智能。图灵测试强调了人工智能的核心问题——机器能否表现出与人类相似的智能行为。

在这个实验中，一个人类评判者与一台计算机、一位真人进行对话，评判者的任务是根据对话内容判断哪个是人类、哪个是计算机。如果一台计算机能够成功地欺骗评判者，使其无法分辨出哪个是计算机、哪个是人类，那么该计算机就通过了图灵测试。

为了纪念图灵在计算机领域的贡献，美国计算机协会（Association for Computing Mechinery，ACM）于1966年设立了图灵奖。这是计算机领域的最高奖项，旨在表彰在计算机科学领域做出卓越贡献的个人或团队。该奖项的获得者分布在算法设计、人工智能、计算理论、计算机体系结构、数据库、网络、编程语言等领域。

第二回

修炼基本功：
神经网络

上一回讲到神秘大侠华丽登场，并为陷入绝境的 AI 公子带来了一本名为《深度学习》的图书。

这位大侠自然非等闲之辈，他是大名鼎鼎的深度学习之父欣顿教授的关门弟子，他有着不得了的教育方式……

这位大侠一直秉承着因材施教的原则，熟练运用深度学习的教学方法。他的学生无论是要学习吟诗作画，还是学习识文断字，他都包教包会。

大侠的出现让陷入绝境的父子重新看到了希望。但因为之前聘请的 4 位老师给 AI 公子造成了心理压力，所以老爷这回十分慎重，并没有直接聘用大侠，而要求大侠向他证明他那套方法是有奇效的。

大侠微微一笑，说道："既然是因材施教，那就要先洞悉'材'的结构，想要教会 AI 公子，首先要研究一下他的大脑结构。"

AI 的大脑

人的大脑有超强的记忆力、计算能力和认知能力，这与它拥有数量庞大的神经元（脑神经细胞，超过 300 亿个）分不开，这些神经元通过各种形式结合在一起，传递和处理信息，从而完成记忆、计算、认知等行为。神经网络（neural network）就是计算机模拟人脑的构造进行构建的。

让我们先认识一下神经元。突触是神经元之间或神经元与效应细胞之间的连接部分，神经元之间会在突触中通过信号传递信息。

构造"机器学习算法"就是把一个矩阵或向量转换为另一个矩阵或向量。聪明的人类认为，如果能够制造出某种数学算法来模拟大脑的构造，就能制造出和大脑一样的机器学习算法。

在对 AI 公子的大脑进行全方位的研究后，大侠打开了《深度学习》的第 1 章 "神经网络"。

第一式　基本内功修炼——感知机

我们已经了解了神经元的结构，接下来就用数学的方法进行模拟。最初用数学方法模拟神经元工作的算法是感知机。

秘　诀

要想了解感知机的工作原理，首先要理解权重这个概念。权重是神经网络中一个非常重要的概念。训练数据的目的就是得到最合适的权重，你可以把权重理解为 "重要性" 和 "依赖度"。

好像 AI 公子没太明白，那就请和大侠一起到戏台看几个例子。

今日大戏

假设有一天，大侠和老爷一起去茶馆听书。老爷觉得这个说书人说得"很好"，而大侠认为说书人说得很"无聊"。听了他们的评价后，AI 公子也去了茶楼听书，听完后，也觉得说书人说得"无聊"。

从 AI 公子的角度来看，老爷的话的"信赖度（权重）"是有所下降的。因此，即使下次老爷再说别的说书人"很有趣"，AI 公子也很难再相信他的话了。

但如果下次遇到了另一个说书人，大侠和老爷都觉得他很"有趣"，那么 AI 公子会认为，既然老爷和大侠都觉得有趣，那可能真的很有趣。

　　当 AI 公子去茶楼听完后，如果真觉得很有趣，他就会兴高采烈地告诉别人这个消息。这时候，神经元就处于"激活"状态。

　　AI 公子有着连接老爷和大侠的权重。将两者的权重整合在一起，当信息信赖度达到一定程度时，激活函数的输出为正值，神经元就会被激活。

今日大戏

如果把感知机算法想象成一个小厨师，他在尝试制作一道沙拉。这个过程可以分为以下几个步骤。

（1）**选择食材和调料**。就像为感知机选择特征和初始化权重一样。刚开始，这个小厨师会根据他想象中沙拉的样子准备食材和调料。

（2）**试做沙拉**。小厨师按照他目前掌握的知识配菜和调味，这个过程就类似于感知机使用当前的权重做预测的过程。

（3）**品尝和评价**。小厨师品尝他自己做的沙拉，评估味道是否符合他的预期。这一步就类似于评估感知机的输出和实际结果之间是否存在误差。

（4）**调整配方**。根据误差的大小，小厨师开始调整他的配方，在这一步，他可以多放一点的盐，或少加几滴醋。这就类似于调整感知机的权重来减小误差的过程。

（5）**重复迭代**。为了使沙拉的味道接近完美，小厨师反复地进行上述过程，不断尝试和调整配方，直到沙拉的味道符合他的预期。这就类似于感知机训练过程中的迭代。通过多次迭代，感知机逐步找到了最佳的权重，并达到预期的输出结果。

秘 诀

感知机把上面的过程用数学模型表达了出来，让我们看看它是怎么做的。

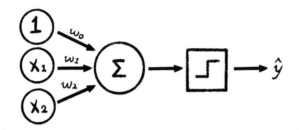

感知机的构造如下。

· **输入层**：用于输入需要处理的数据。

· **累加**：将每个输入元素与一个权重相乘的积相加。

· **激活函数**：通过一个激活函数产生一个输出，用于判断这个神经元是否被激活。激活函数是阶跃函数，如果累加的结果足够大，它就输出"1"，让这个结果输出；反之，输出"0"。

· **输出层：** 感知机的输出一般有两种状态，通常用"1"或"0"表示。

感知机通过多次迭代的训练过程寻找最合适的一组权重，以便对输入数据做出符合预期的处理。感知机的训练过程如下。

（1）**准备训练数据集：** 准备训练数据及对应的标签。

（2）**准备训练：** 最初，所有的权重都被赋予随机值。也就是说，在训练之前，它是一个混沌的"小白"。

（3）**计算误差：** 输入训练数据，计算当前权重下的输出与标签之间的误差。

（4）**更新权重：** 用误差更新权重和偏差，通常通过一个简单的计算公式更新权重，公式为新权重＝旧权重＋学习率 × 输入 × 误差。

（5）**迭代过程：** 以上调节权重的过程会重复多次，直到感知机正确地对训练数据集中所有的输入数据进行分类，或者达到一个预定的最大迭代次数。

但是，很快问题出现了，人们发现感知机只能处理最简单的问题，比如下面这种可以用一条直线分开的分类问题（也叫线性可分问题）。

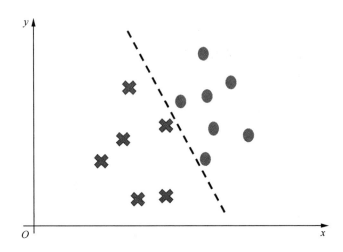

　　而对于线性不可分问题（无法用一条直线分开所有的点），感知机就无能为力了。

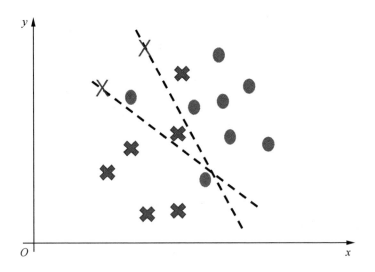

　　在听了大侠深入浅出的分析后，AI公子和老爷虽然对这些问题似懂非懂，但已经被大侠所说的深深折服了。

看到 AI 公子已经信任自己，大侠微微一笑，说道："下面，让我们来测试一下 AI 公子的美术功底吧！"

他立刻从随身携带的背包里拿出两张精美的画作，问 AI 公子："这两幅画分别是谁画的？"

"哦哦，隔壁的旺财！"

听到这个答案后，大侠和老爷对视一眼，陷入了良久的沉默。

好吧，看来 AI 公子的学习之旅还有很长的路要走啊！

 ## 第二式　基本身法与招式——BP 神经网络

对于图像分类这种复杂一些的问题而言，感知机显然是无法解决的。要处理图像分类问题，要使用 BP 神经网络（Back-Propagation Neural Network）。

秘　诀

感知机只能处理简单问题。为了处理复杂问题，BP 神经网络应运而生了。它在感知机的基础上添加了一层或多层的神经元（这里叫作隐藏层），并提出了反向传播的概念。

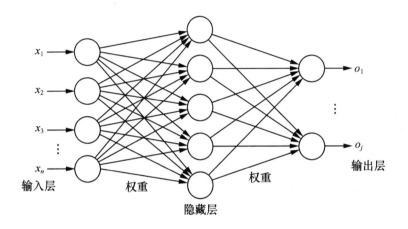

BP 神经网络的构造如下。

- **输入层**：接收外部的信息，如图像中的像素、文本中的字符，或者其他数据的数字编码。

- **隐藏层**：由一层或多层的神经元构成，通过权重连接输入层与输出层，通过一系列复杂的处理，试图理解被输入的信息。隐藏层的神经元帮助系统理解输入数据，并对输入数据进行特征提取。

- **输出层**：神经网络的末端，它根据隐藏层学到的知识，做出最终的判断或预测。输出层的神经元给出神经网络对输入数据的理解、分类或预测。例如，对于

多分类问题，输出节点数等于类别数，每个输出节点对应输入数据属于这个类别的概率。

- **权重**：神经元的参数，用于调整神经元之间信息的传递。权重乘以输入信号，再作为下一层的输入传递给下一层神经元，就这样一层一层地传递下去。在训练的过程中，这些权重会根据误差不断地被调整，通过反复地迭代以上操作，直到误差最小。

- **激活函数**：应用于每个神经元的函数，它决定了这个神经元是否被"激活"并输出。常见的激活函数包括 Sigmoid 函数、ReLU（Rectified Linear Unit，线性整流）函数、tanh（双向正切）函数等。激活函数引入了非线性的性质，使神经网络能够表示更复杂的函数。

BP 神经网络的训练过程如下。

（1）**前向传播**：在前向传播阶段，输入数据通过多个网络层，经过一系列的加权相乘和激活函数的处理，最终到达输出层。前向传播是信息在神经网络中向前传递的过程。

（2）**计算误差（损失函数）**：将神经网络的输出与标签值进行比较并计算误差，这个误差就是现阶段神经网络的输出与期望输出之间的差距。损失函数用于度量模型预测输出与标签之间的差异。常见的损失函数包括用于回归问题的均方误差（Mean-Square Error，MSE）、用于分类问题的交叉熵（cross entropy）等。

（3）**反向传播与权重更新**：系统在知道了它现在的误差后，就会调整权重以减小误差。逐层调整权重的过程叫作反向传播。反向传播是神经网络训练的关键步骤，它使用梯度下降算法调整权重和偏置，从而最小化预测的输出与真实标签之间的损失函数。反向传播与更新权重的过程重复进行，直到误差足够小或训练达到设定的条件。

（4）**重复迭代**：以上整个过程（前向传播、计算误差、反向传播与权重更新）会反复进行，每次都使用新的数据批次，直到整个训练数据集都用于训练。这个过程被称为一次训练迭代。

可以看出，与感知机相比，BP神经网络多了"回溯"的过程，在这个"回溯"（即"反向传播"）的过程中，它会仔细审视它所犯的每一个小错误，并且逐一修正它们。它会不断地进行"实践→对比正确答案→找出差距→回溯→调整→重新实践→反复迭代"的循环，每一次循环都让它变得更"聪明"，更接近完美。于是，BP神经网络就可以构建出从输入数据到期望输出的复杂映射，并且可以用于完成各种机器学习任务，如分类、回归和模式识别等。

让我们再用厨师做菜的例子类比一下BP神经网络。

同样，我们可以把BP神经网络的训练过程想象成一个厨师尝试制作大餐的过程。这个过程可以分为以下几个步骤。

（1）**准备食材和工具。** 厨师开始准备他需要的食材和工具。他根据自己的直觉和经验确定食材的量与种类，然后开始烹饪。在神经网络中，这一步就叫作前向传播。

（2）**评估菜肴口感。** 厨师完成了他的菜肴并尝了一口，嗯……感觉有点咸了。这一步就类似于神经网络中的计算误差，厨师用品尝的方式评估"菜肴"（神经网络的输出）和"理想的味道"（目标输出）之间的差异。

（3）**调整食谱**。现在，厨师开始思考哪里出错了。他开始回溯他烹饪的每一个步骤，回想如果在腌肉时少放一点盐，或许味道会更好。这个过程就类似于反向传播。通过一步一步地回溯，思考如何调整每个权重和偏置来减少误差。

（4）**修改食谱**。厨师决定下次在腌肉时少放一点盐，并且增加一些其他的香料来平衡味道。他在他的食谱上记下了这个新想法。在神经网络中，这个步骤类似于更新权重和偏置，基于在反向传播阶段计算出来的梯度调整权重和偏置。

（5）持续改进。厨师将不断地尝试新的食谱，每次都根据上一次的经验做一些小调整，直到他做出了一道完美的菜肴。这个步骤就是重复迭代。

BP神经网络就像一个超级有耐心的大厨，它不断地实践和调整，直到找到他心中那个完美大餐的食谱。

经过几天的刻苦训练，如今AI公子只要看到名画就能判断出是谁画的，进步非常大。老爷也没想到大侠居然有如此大的本事，立马决定用高薪聘请大侠作为AI公子的私人教师。

"大侠，接下来就拜托你了，那个……你真的能让我儿子脱颖而出吗？"

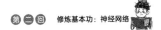

看着忐忑的父子俩，大侠没有说什么，只是缓缓地摘下帽子。

"放心吧，我会教好 AI 公子的。"

要想知道大侠要如何训练 AI 公子的画技，请看下回分解。

老师的教学笔记

· AI公子的大脑评估：神经元数量严重不足，突触连接数量严重缺乏。

· AI公子已经初步掌握"实践→对比正确答案→找出差距→回溯→调整→重新实践→反复迭代"的基本功。

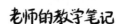

城门口告示

杰弗里·欣顿（Geoffrey Hinton）是神经网络领域的领军人物，是2018年图灵奖的获得者。下面我们来了解一下他的经历。

欣顿出生于英国，获得了剑桥大学心理学学士学位和爱丁堡大学人工智能博士学位。

在获得博士学位后，他曾供职于多所著名的院校，包括卡内基－梅隆大学和加利福尼亚大学圣地亚哥分校等。1987年，他受聘担任多伦多大学计算机科学系教授。2013年，他加入谷歌，并开始参与"谷歌大脑"项目，自2016年起担任谷歌的副总裁。2023年，他从谷歌辞职。

欣顿是BP算法的创造者之一，是深度学习理论的先驱。他与合作者共同推广的"反向传播"算法被广泛用于训练深度神经网络。他首次提出受限玻尔兹曼机（Restricted Boltzmann Machine，RBM），这是一种可以有效地学习数据分布特征的算法。

在长达 30 年里，神经网络不受主流计算机科学界的重视。然而，欣顿始终坚信神经网络的潜力，并在这段艰难的时期继续他的研究。他曾说过，他在 30 年前就知道深度学习一定会产生很大影响，但他没有想到需要等待这么长时间。他的这种前瞻性和耐心最终得到了回报，深度学习在 21 世纪 10 年代成为人工智能领域的一种主流技术。

2023 年，欣顿从谷歌辞职，并发出了一个戏剧性的警告。他称生成式人工智能系统的商业应用（如计算机生成的错误信息和就业市场的不稳定）对人类构成了严重的威胁。他指出，从长远来看，人工智能系统可能会对人类构成严重的威胁。根据《纽约时报》的报道，欣顿对自己过去做出的一些研究工作感到后悔。

第三回

大脑改造术：
深度学习

上一回讲到，大侠正式成为 AI 公子的私人教师。在大侠的教导下，AI 公子现在已经可以熟练地辨别凡·高和齐白石的画作了。

但大侠也发现了一个问题，AI 公子好像只能分清什么是中国画、什么是油画，一旦遇到风格稍微像一点的画，他就根本分辨不清了。

　　在神经网络中，不同层级的网络能够提取不同复杂度的特征，从简单的边缘纹理到复杂的对象部件、整体结构。这种特征的层次化表示是理解浅层神经网络与深层神经网络在处理不同图像时表现差异的关键。浅层神经网络只有少数几层，能提取的特征（如边缘、颜色和基本纹理等）相对简单和通用。

　　这是因为 AI 公子大脑中神经元的数量较少，当面对视觉上非常相似的图像时，这些简单的特征可能不足以区分细微的差异，因为这些细微的差异通常隐藏在高层级的网络特征中，这就需要更深的网络结构来学习。

　　大侠试图加大训练强度，但发现效果依然不好，所以他又将重点放在了 AI 公子的大脑结构上。

"唉……十分光滑的大脑。"大侠叹了口气说。默默翻开了《深度学习》的第 2 章"深度学习"。

秘 诀

　　BP 神经网络在感知机的基础上增加了隐藏层，便可处理相对复杂的问题，它的成功让人们开始期待：如果把神经元的数量增加，层数增加到 4 以上，那么可调整的自由度就会升高，神经网络就一定能够具备更强的能力，这样就可以处理更复杂的问题了。

　　但是很快这个推理就受到打击。人们发现了 BP 神经网络存在着的几个致命的问题。

　　·层数越多越难以"回溯"误差。在误差反向传播算法中，层数越多，越难以进行反向传播。也就是说，误差很难传递至离输入层较近的层。梯度减小会造成梯度消失及梯度爆炸。

• **计算资源不够**。20世纪八九十年代，计算机的运算速度和能力还十分有限。一旦增多神经网络的层数，要调整的权重数量就要随之增加。然而，当时的硬件环境并不足以支撑如此高强度的数据分析与调整的工作。

• **只对训练数据集有效**。神经网络容易在训练过的数据上表现出良好的效果，但在未见过的测试数据上的性能是下降的，这可以称为"过拟合"。

这些问题难倒了当时的科学家们，于是神经网络迎来了寒冬期。在以欣顿教授为代表的科学家们的不懈努力和坚持之下，终于在2012年，以反向传播理论为基础的深度学习技术横空出世，重新引发了全世界的关注。

在这20多年间，深度学习是怎样解决我们前面提到的BP神经网络所存在的问题的呢？

 跨越寒冬：从 BP 神经网络到深度学习

科学家们针对 BP 神经网络存在的几个问题，提出了以下解决方案。

小技巧① 三心二意——丢弃（在训练过程中关闭一些神经元）

科学家们在实验中发现，神经网络对于训练过的数据表现得很好，但在没有训练过的数据上表现得很差。为了解决这个问题，他们提出了丢弃（dropout）的训练方法。就好像大侠发现，当 AI 公子全神贯注地学习时，他的学习效率反而会很低，于是他让公子一边听音乐一边学习，结果学习效率大大提高。

秘　诀

丢弃是一种防止神经网络过拟合的技巧。丢弃的做法是，在训练时随机地关闭一些神经元，迫使神经网络不要过分依赖某些特定的神经元，从而使神经网络学会更全面地理解数据。

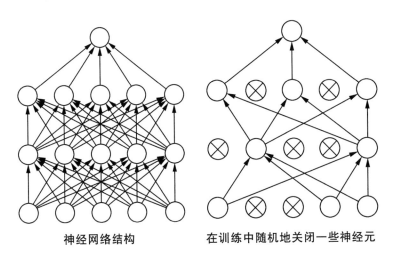

神经网络结构　　　　在训练中随机地关闭一些神经元

丢弃——通过在训练过程中不断地随机关闭不同的神经元，促使神经网络变得更加健壮，不会对特定的训练样本产生过度依赖，从而降低了过拟合的风险。在测试时，所有的神经元都会被保留，以便模型对新数据进行预测。丢弃帮助神经网络减少了在训练数据之外表现糟糕的情况，使模型更适合实际应用，而不仅仅是记住训练数据。

小技巧② 万象归一——批归一化（确保每一层输出的数值范围一致）

举个例子，AI 公子看到蒙娜丽莎的反应是"这是美女"，看到戴珍珠耳环的少女的反应也是"这是美女"，但看到毕加索的画就不知道画的是什么了，因为毕加索的画远远超出了一般写实肖像画的"平均数值范围"。为了保证数值范围一致，在 AI 公子学习肖像画时，大侠索性不再给他看毕加索的画了。

在深度学习中，神经网络有很多层，每一层的输出都会在传递给下一层之前进行归一化处理。批归一化（Batch Normalization，BN）的作用是在处理每一层数据之前，先对数据进行一次处理，以确保数据的分布差不多。在神经网络中，如果某一层的输出范围太大或太小，就很有可能导致整个网络难以训练。这种标准化有助于神经网络更快、更稳定地学习。

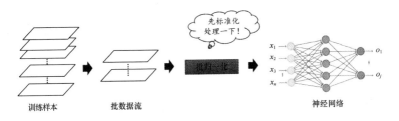

先标准化处理一下！

训练样本　　　　批数据流　　　　批归一化　　　　神经网络

批归一化是深度学习中一种强大的技术，通过标准化输入数据并学习适当的缩放和平移参数，帮助神经网络加快训练，提高模型性能，缓解梯度消失和过拟合问题，使神经网络更容易训练和调优。

 ## 第一式 万法归宗——深度学习

大侠知道，以上那些方法依然治标不治本，如果不能改造 AI 公子的大脑构造，提高神经元的数量，那他永远无法理解更复杂的内容。

在处理简单问题时，人的大脑调用的神经元数量较少，但在处理复杂问题时激活的神经元数量就很多。基于这个原理，深度学习在传统的 3~4 层神经网络的基础上，增加了神经元的数量，从而提高了处理复杂问题的能力。

深度学习的训练与推理的过程与神经网络的相似，只是神经元的数量大幅增加了，并在此基础上增加了上述的丢弃、批归一化等训练技巧。

所以 AI 公子接下来的任务就是，进行大脑的魔鬼训练！

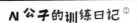

AI公子的训练日记①

第1天　大侠说运动能让我变得更冲名，chī 了为生素，我今天累得不行了，只觉得退很tong

第2天　大侠让我听末炸特的音乐，说能让我变得冲明一些

第3天　今天又去运动了，还吃了维生素，感觉退没有那么痛了

……

第10天　身体和大脑都很放松，腿很轻盈，感觉真的变聪明了！

今日大戏

我们可以将深度学习想象成一个厨师带领他的团队制作一桌丰盛的宴席。这个过程可以分为以下几个步骤。

1）材料准备

首先，厨师需要广泛收集各种食谱和美食的数据（这类似于数据收集）。

---

① 从 AI 公子自己记录的训练笔记里，我们能看到随着训练的进行，错别字明显减少，训练有了好的结果。

厨师需要抛弃不好的食材和不恰当的食谱，确保所有的食材（数据）都是新鲜和高质量的（这类似于数据清洗）。

这一步骤类似于数据处理与数据库的建立。

2）创建食谱

创建食谱的过程类似于模型的结构设计。

在输入层，厨师选择了一些基本食材（即输入数据），用来制作菜肴。

接着，厨师通过多级别的厨房团队（即隐藏层）处理这些食材，每个级别的厨师都有自己的特殊技能和工具。

最后，主厨将所有的食材整合在一起，制作成一道道精美的菜肴（即输出）。

3）调试食谱

调试食谱的过程类似于深度学习训练模型的过程。

厨师首先试做菜肴，将食材从输入层逐步传递到输出层（这类似于前向传播）。

完成后，厨师品尝他的菜肴，并评估口味（计算损失），这类似于损失计算。

厨师反思哪里做得不好，并向他的团队反馈，然后他们根据反馈优化各自的技能和方法（即通过反向传播优化权重），这类似于反向传播与优化。

4）测试菜肴

厨师请多位测试人员试吃他的菜肴，以确保菜肴的口味不仅仅是他自己喜欢的。这类似于验证和测试。

输入

专业团队

x_n

隐藏层

输出

5）上菜

在这道菜获得了众人的认可后，厨师开始在他的餐馆提供这道菜，让更多的人品尝和享受。就这样，深度学习完成了模型部署。

与感知机做一份沙拉、BP 神经网络做一道菜相比，深度学习已经可以制作丰盛的宴席了。可以看出，深度学习处理问题的能力远超感知机与 BP 神经网络。

秘　诀

深度学习是一种通过多层神经网络自动学习特征表示的机器学习方法。它还有一个非常重要的特点——不需要再提取特征了。

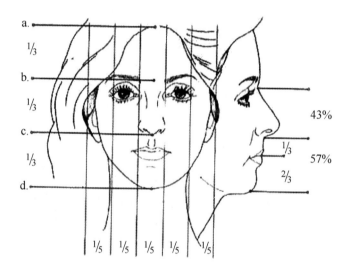

在介绍监督学习时，我们提到了"监督门派"的老师（第4位先生），他乐于把自己多年的绘画心得（如构图的比例、颜色的搭配、线条的粗细等）教授给学生。这就是特征提取的过程。

深度学习的主要优势之一是能够自动从数据中学习有用的特征表示，而无须手动设计或提取特征。深度神经网络能够通过多个隐藏层自动学习数据中的有用特征。从低级特征（如边缘、纹理）到高级特征（如物体部分、语义内容），这些特征通常在深度学习中的多个隐藏层分别被提取。这种自动的特征学习能力有助于模型更好地理解数据。

 第二式　众志成城——GPU 与并行计算

现在大脑算力的问题解决了，但时间一天天过去，大侠发现还有一个致命问题——要学的东西太多了，仅凭 AI 公子一个人根本无法完成。

除了算法上的突破以外，深度学习得以快速的发展还有两个非常关键的因素——越来越强大的计算资源和大规模的数据集。

于是，无论是老爷、管家还是丫鬟，全府的人都行动了起来。老爷满世界地帮 AI 公子找学习资料，管家整理资料，

丫鬟扇扇子，AI 公子拼命学习，大家都以自己的方式在为 AI 公子的人生大事加油鼓劲。

在众人的帮助下，就像具有强大计算能力的 GPU，AI 公子进步飞速，快速解决了很多凭借自身无法完成的难题。

秘　诀

GPU 是一种特殊的计算芯片，它拥有大量的小处理单元。每个小处理单元可以执行各种计算任务，例如加法、乘法等。当你在 GPU 上运行一个需要进行大量计算的任务（比如深度学习模型的训练）时，GPU 可以同时分配这些计算任务给它的小处理单元，每个处理单元独立地进行计算，这就是并行计算。这使它在图形渲染、深度学习、科学模拟等领域中表现出色。

　　与 GPU 相比，CPU 通常拥有较少的处理核心，但每个核心的功能更强大。它更适合执行顺序计算任务及多样性的计算任务，如操作系统管理、控制任务、逻辑判断、串行计算等。

　　当我们用 GPU 进行深度学习推理时，就好像把一个复杂的数学问题分成很多小任务，然后将它们分配给不同的人，由这群人一起解决，大大提高解决问题的效率。假设你要解决一个复杂的数学问题，把它分解成很多的小任务，要算很多数字。一般情况下你一个个地算。但是，如果你找很多同学来帮忙，大家同时完成各自的任务，就快多了，这就是 GPU 并行计算的思路。GPU 里有很多小核心，就像很多小

助手，每个小核心都可以独立地解决一部分问题。而其中的 CPU 就像是一个大总管，负责协调这些小助手。在深度学习中，GPU 可以同时处理 CPU 分配的小任务，让整个训练过程变得更快。

 第三式　四库全书——大规模的数据集

深度学习的训练需要大规模的数据集。数据集就像是巨大的教材案例库，里面包含数百万个例子，每个例子都带一个问题和答案，这使深度学习模型能够从中学习如何解决各种复杂的问题。互联网的兴起让海量数据集成为可能。

例如，非常有名的大规模的数据集 ImageNet 就是一个巨大的图像数据集，包含了 1400 多万张图片。

另外，近年热门的 GPT-3 Playground 是由 OpenAI 创建的文本数据集，用于训练 GPT-3 模型。它包含来自互联网的大量文本数据。

就这样，AI 公子在无数的教材中孜孜不倦地学习，他的学习方式是"实践→对比正确答案→找出差距→回溯→调整→重新实践→反复迭代"。这样的学习态度、学习方法和学习量都决定了他终将变得很优秀。

　　只要我们给他定好了目标，提供了足够的学习资料，就等着他成功吧！

　　看着为了马小姐努力的 AI 公子，大侠欣慰地笑了。但接下来，他发现了一个致命问题。

　　又有什么新问题出现？ AI 公子又能否克服困难？请看下回分解。

老师的教学笔记

· AI 公子成功地增加了脑部神经元的数量，提高了处理复杂问题的能力。

· 全府上下组成了并行计算小分队，使训练速度大幅度提高。

· AI 公子对"实践→对比正确答案→找出差距→回溯→调整→重新实践→反复迭代"基本功的应用更加娴熟。

城门口告示

20世纪80年代至90年代初期，神经网络的研究陷入低谷。学术界和产业界对神经网络的兴趣减退，资金流向其他机器学习技术；许多研究项目在这段时间停滞或被取消。业界普遍对神经网络的性能持怀疑态度，认为它们难以训练、性能不稳定，而且缺乏实际应用的证据。

对于一个学者来说，最痛苦的不是没有做出成果，而是没人期待他的研究，但这就是那时的神经网络研究者面对的常态。他们的论文一次一次地被拒稿，研究成果在学术会议上一次一次地被质疑，甚至连神经网络中最有名的期刊也被迫改名。可以说，神经网络在那时是没有任何人看好的一项研究，那段时间也被称为神经网络的寒冬。

但就算在这样的寒冬，也有人愿意高举信仰的火炬，在否定与嘲笑中冒着风雪前行，为后人指引通往春天的道路。

正是这些在寒夜中坚持的学者为神经网络的复兴奠定了基础。

在图像识别领域有个著名的竞赛——ILSVRC（ImageNet Large Scale Visual Recognition Challenge，ImageNet 大规模视觉识别挑战赛），这个挑战赛对促进计算机视觉技术和深度学习算法的发展非常重要，因为它促使研究人员开发更好的方法来让计算机看懂图片。在 2012 年的 ILSVRC 中，加拿大多伦多大学研发的 AlexNet 力压世界一流大学和一流企业研发的产品，初次参赛就夺得了冠军。

英雄的火炬不仅照亮了后辈们的路，还照亮了自己的身影。AlexNet 是一种深度学习网络模型，是欣顿教授和他的学生开发的。而他自己也被后人称为"深度学习之父"。

在前辈们高举的火光中，我们看到了从 BP 神经网络到深度学习的伟大跨越，我们终于迎来了神经网络的春天。

第四回

渐入佳境：
图像生成

上一回讲到了深度学习的过人之处，只要给它一个目标和大量的学习资料，它就会不断地"实践→对比正确答案→找出差距→回溯→调整→重新实践→反复迭代"，从而在处理问题时能变得无比强大。它能否有创造力呢？能否自己创造出一幅没见过的画呢？

让我们看看现在的 AI 公子，他已经不是我们最开始认识的那个什么都不会的小家伙了。在经过大侠的精心教导后，他已经成为上知东方绘画、下晓西方通史的小天才。

他现在对任何一幅名画的结构和内容都了如指掌，无论看到什么画，他都能认出它的作者和年代。但是他的绘画水平却毫无长进……

大侠叹了口气，打开了《深度学习》的第3章"图像生成"。

 第一式 左右互博术——生成对抗网络

我们先看一个警察与罪犯的故事，罪犯试图制造伪钞，但最开始他的技术十分低劣，所以警察轻而易举地就能识破。罪犯不得不改进自己的技术，同时警察变得更加火眼金睛。可以想象，经过不断地博弈，罪犯将从一个只会画小人的小偷变成一个擅长画假钞的人。

这个看似简单的故事却启发了计算机科学家伊恩·古德费洛（Ian Goodfellow），他和同事提出了生成对抗网络（Generative Adversarial Network，GAN）。

秘诀

最初让计算机能绘画的是生成对抗网络，生成对抗网络的提出开创了"生成式AI"这一领域的先河。自那时以来，生成对抗网络已经成为深度学习和生成模型领域的一个重要研究方向，并在各种应用中取得了显著的成功。生成对抗网络是一种机器学习模型，它的主要目标是生成逼真的数据，如图像、音频或文本。这个模型的特别之处在于，它由生成器和判别器两部分组成。生成器和判别器都可以理解成深度学习网络，里面有很多神经元和权重，它们像互相对抗的双方一样工作。

生成器的任务是创造伪造的数据，比如一张逼真的图片。它从随机噪声开始，逐渐改进，使生成的数据越来越像真实的东西。

判别器的任务是判断一个数据是真实的还是伪造的。它接收真实数据和生成器生成的伪造数据，然后试图识别哪个是真实的，哪个是伪造的。

以上内容看起来很简单，但需要不断地重复与试错。大侠化身判别器，AI公子则变成生成器，从此开始了大半月的魔鬼训练。

AI 公子的训练日记

第1天　今天是第一天，大侠让我画蒙娜丽莎，结果我画完他说连人都不像……罚站。

第2天　今天我又开始画画，大侠说虽然是人，但不男不女……又罚站。

第3天　今天我又画了蒙娜丽莎，终于画出女人了，但大侠说太丑了……还是罚站。

……

第19天　还是蒙娜丽莎，我觉得已经很像了，大侠看了好久发现多了颗痣……我不想再盯着墙了。

第20天　今天我画完，大侠问我："为什么把原作拿来了？"但这就是我画的，大侠非说我作弊，又罚站。

秘 诀

在最初的生成对抗网络模型中，输入是一个随机的数组（随机噪声），输出是一张图片。

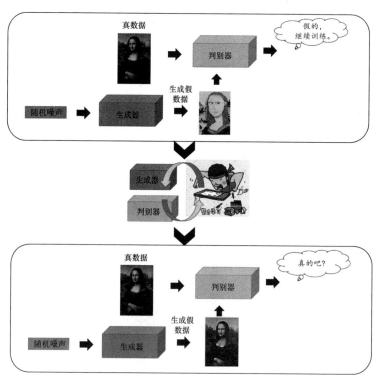

生成对抗网络的魅力在于"竞争"。生成器不断地改进，以愚弄判别器，而判别器则不断地学习来提高自己的识别能力。这种竞争促使生成器生成更逼真的数据，最终，生成器能够生成与真实数据几乎无法区分的伪造数据。当生成的数据使判别器无法分辨时，生成器就算训练成功了，它便可以独立地承担创造工作了。

生成对抗网络广泛应用于许多领域，如计算机视觉、自然语言处理和音频处理，用于生成图像、文字和音频，提高图像质量，甚至生成艺术作品。总之，生成对抗网络是一种非常强大的工具，可以帮助计算机创造出与真实世界非常相似的内容。

我们再次用厨师做菜的例子解释生成对抗网络的运行方式。

1）模型构建

可以将生成器和判别器分别类比为厨师 A 与厨师 B，他们要一起制作米其林餐厅水平的大餐。

厨师 A 的任务是制作美味的菜肴，类似于生成器的任务。厨师 A 从一些基本食材开始，通过一系列烹饪步骤不断地改进菜肴，使之尽可能地接近米其林餐厅的水平。这些烹饪过程对应生成器的训练。

厨师 B 的任务是品尝菜肴并判断它是不是米其林餐厅做的。这类似于判别器评估生成器生成的数据，判断它是否与真实数据相似。厨师 B 会品尝菜肴，然后给出一个评分，表明这道菜是米其林餐厅做的还是伪造的。

2）博弈的过程

厨师 A 和厨师 B 之间进行博弈。厨师 A 不断改进菜肴，以欺骗厨师 B，使他无法轻松地辨别哪些菜来自米其林餐厅，哪些是伪造的。厨师 B 也在不断提高他的品尝能力，以更好地辨别伪造的菜。

3）重复迭代

整个博弈的过程是不断迭代的。厨师 A 和厨师 B 反复交互，厨师 A 不断改进自己的烹饪技巧，厨师 B 不断提高辨别能力，直到厨师 A 能够制作出如假包换的米其林大餐，让厨师 B 难以分辨。最终，在反复博弈的过程中，厨师 A 学会了制作逼真的米其林水平大餐，成为大厨；而厨师 B 也变得非常擅长辨别伪造的菜，成为美食鉴赏家。

这就是生成对抗网络的基本工作原理，生成器和判别器之间的竞争和合作促使生成器生成更逼真的数据，判别器提高对伪造数据的识别能力。

随着一次次的努力，AI 公子进步非常快，已经可以画出以假乱真的画作了。但很快，大侠就发现了一个致命的漏洞，AI 公子好像只会照搬原作，自己原创的能力几乎还为 0。

秘诀

根据生成对抗网络的核心思想，科学家们又创造出很多种类的生成对抗网络以实现不同的功能，例如，条件生成对抗网络（Conditional GAN）可用于根据输入条件生成想要的数据。

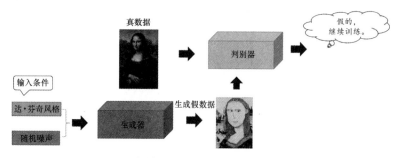

条件生成对抗网络的结构

人们还有将图像从一种风格转换成另一种风格的需求，循环生成对抗网络（Cycle-Consistent Generative Adversarial Network，CycleGAN）就是用于解决这个问题的。只要给深度学习一个目标和大量案例，它就可以不断地训练，不断地修正它百万级的权重，最终实现预设的目标。所以，从一种风格的图像转换成另一种风格的图像的问题也可以通过神经网络解决。

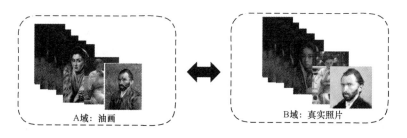

CycleGAN 是一种可用于风格迁移的生成模型，它可以把一种类型的东西转换成另一种类型，却不需成对的示例。想象一下，我们有一些照片，希望把它们转换成高级油画风格的照片。通常，我们需要使用成对的油画和真实照片教计算机如何做，但是对 CycleGAN 不需要这样。它只需要有一组油画和一组照片，彼此之间不需要一一对应就可以进行训练了。

CycleGAN 中有两个"生成器"：一个负责把油画变成照片（叫作生成器 A → B），另一个负责把照片变成油画（叫作生成器 B → A）。其中还有两个"判别器"：一个负责判断照片是否真实，另一个负责判断油画是否真实。这样，两个生成器和两个判别器就组建好了。

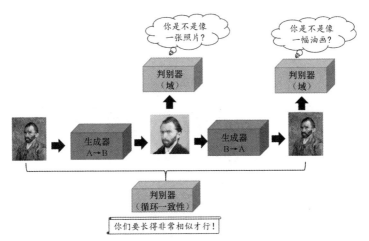

生成器试图制造出越来越逼真的图片，以骗过判别器。而判别器的任务是尽力找出哪些图片是假的。但这还不够，CycleGAN 还有一个功能，叫作"循环一致性"判别。这意味着不仅要把油画转换成照片，还要确保能把照片再转换回油画，同时输入的油画与最终生成的油画看起来要一样。

通过这种方式，CycleGAN 不仅可以用油画创建出逼真的照片，还能确保把照片再转换回油画。这项技术对图像不同域之间的转换任务非常有用。

怎么才能让 AI 公子的画有点原创性呢？大侠犯了难，开始苦思冥想。忽然，他灵光一闪，想起了他之前看到的一个拼图游戏，也就是将多幅不同的画切成不同部分，再随机取各部分中的一块，拼合在一起。

咣咣咣! 大侠的智能绘画机闪亮登场，只要按下按钮就能生成一副新的面孔!

只要以后 AI 公子在脑中模拟这个过程，原创就不在话下!

第二式　移步换形——变分自编码器

在生成对抗网络后，功能越来越强大的生成式 AI 不断地被提出，这里介绍一个功能更强大的生成工具——变分自编码器，它源于 20 世纪 80 年代末和 90 年代初的自编码网络。

我们先看看什么是自编码器。

秘　诀

自编码器先将输入的一段数据压缩成一种小而紧凑的形式（编码），再将这个编码解码回原始数据，还原出与原始数据尽量相似的内容。这个过程就像将一张图片压缩成缩略图，再还原成原图。自编码器可以用于各种类型的数据，例如图片、声音、文本等。

原图

编码器

编码

解码器

输出图

其中的编码器和解码器都是由神经网络构成的，它们会不断地"实践→对比正确答案→找出差距→回溯→调整→重新实践→反复迭代"，从而寻找到最好的编码来表示

数据。

自编码器可以通过很小维度的编码表示大维度的数据，这有什么用呢？在传输图像的过程中，为了节省网络带宽，很多互联网公司只传输图像的编码，传输到本地后再用解码器解码，恢复成原始的图像，这是不是很有用？但它可以用于创作吗？怎么用这个原理创作呢？

自编码器不会创作的最主要原因是它用编码器生成编码后直接解码。编码是原始数据中的精华，如果在编码上增加一些随机的变化，那么解码后的图像就会有很大的变化，这样就给自编码器赋予了创造力。给编码加噪声等的过程就叫作变分，懂创造的自编码器就叫作变分自编码器。

为编码随机加入高斯噪声的过程可以给平庸的大脑加上创造力！

我们再详细说明变分自编码器的底层逻辑，可以暂时将编码的过程理解为一种对图像特征的描述，例如，原图中的小狗被编码成一只长着淡黄色的中长直毛和垂耳……的小狗，即特征编码。如果直接把特征编码解码，和原图一样的小狗就又被复原了。但如果我们把每一个特征元素都映射到一个概率分布里面，在解码的时候从概率分布里随机采样，例如，毛色可以在白色和黑色之间随机变化，姿态可以在躺着到奔跑之间随机变化，这样是不是可以生成很多不一样的小狗图片了呢？

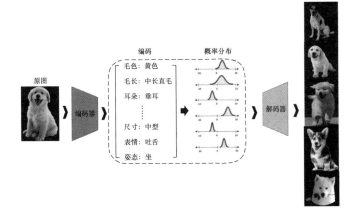

但值得注意的是，整个编码过程都是神经网络通过训练将图像编码成一个潜在变量，潜在变量并不能解释成例子中的毛色、姿态、表情等元素，编码的过程及潜在变量事实上是无法解释的。

这里我们将变分自编码器想象成一位具有创意的厨师，这位厨师专注于创作新菜肴。

1）总结菜谱的精华

厨师有一本厚厚的菜谱，里面包含了不同菜肴的详细烹饪方式。这本菜谱可以看作变分自编码器的输入，因为它包含了每道菜的配料、烹饪方式、烹饪工具、烹饪技巧等信息。

变分自编码器中的编码器就像这位厨师，他有强大的

总结能力，负责将菜谱中每道菜的烹饪方法用简单的几个关键词描述出来，用学术方式表示就叫编码成一个潜在变量，这个潜在变量可以看作描述每道菜的独特特征的一种表示方法。

2）创作新菜肴

当这位厨师想要创作新菜肴时，他并不是简单地照搬菜谱中的某一道菜，而是从这些菜谱的关键词中采样，从中选择一些元素，然后使用这些元素烹饪一道新的菜肴。这类似于通过解码器生成新的输出。可以看出，通过对菜谱关键词的采样，在烹饪的过程中就引入了创意和多样性。

3）多样性的创作

这位厨师不仅会生成一个固定的新菜肴，而且可以通过不断地在潜在变量空间中采样，创作出各种各样的菜肴。每次采样都可能形成不同的潜在变量，所以可以生成不同的菜肴。

变分自编码器在这个例子中充当了一位富有创意的厨师，它不仅可以做已有菜肴，还可以生成新的菜肴。这是因为变分自编码器编码而成的潜在变量是随机的，而解码器可以根据这些带着变化的潜在变量生成不同的输出，从而体现出多样性的创意。这个思想也可以应用于图像生成、音乐创作和文本生成等领域，使模型能够生成多样且有创意的内容。

　　AI公子已经可以运用各种大师的风格熟练地创建人像画。本以为只要在接下来的一个月时间内巩固加强，就可以在招亲大赛中完美胜出，可这时，另一位号称是马小姐追求者的公子出现了……这让AI公子的处境变得更加艰难。

　　他不仅会画画，而且会在画的旁边赋诗一首，来表达自己对马小姐的倾慕。除了会画画的男士之外，马小姐最爱的就是会作诗的男士了！

要知 AI 公子将如何应对竞争对手，大侠又会给出怎样的对策，请看下回分解。

老师的教学笔记

- AI 公子已经理解生成对抗的精髓，熟练掌握各种流派的绘画技巧了。
- AI 公子已经掌握变分自编码器的底层原理，具有艺术创作能力了。

城门口告示

　　约书亚·本吉奥（Yoshua Bengio）是蒙特利尔大学教授，他与杨立昆（Yann LeCun）、杰弗里·欣顿（Geoffrey Hinton）同时获得 2018 年的图灵奖，他们三位被并称为"深度学习之父"。约书亚·本吉奥最重要的贡献是提出了一种用于自然语言建模的神经网络模型，它是神经语言模型的一个重要里程碑。他和学生伊恩·古德费洛（Ian Goodfellow）共同提出的生成对抗网络也开辟了生成式 AI 领域的先河。

第五回

新挑战来袭:
文本生成

为了彻底打败竞争对手,在招亲大赛上力压群雄,AI公子决心在绘画以外再学习写诗。

大侠依旧先测试 AI 公子的作诗水平,让 AI 公子当场吟诗一首。

我风流倜傥,

爱马小姐爱到痴狂,

你觉得我有点油,

我却对你矮 love 游。

这首打油诗彻底让大侠无语了（里面竟然有错别字），看来要想赢得比赛，还任重而道远。他默默翻开了《深度学习》的第 4 章"文本生成"。

第一式 幻影秘术——将文字转换成向量

要想在文学上脱颖而出，首先要有流畅表达的能力。先要求 AI 公子练习下意识地串联文字的能力，例如，听到"很久很久"，马上能联想到"以前"。俗话说："书读百遍，其意自见。"无论是人工智能，还是人脑，都是如此的。

秘 诀

计算机只能处理数字。想让它为我们服务，必须先把待处理的信息转换为数组。如果一幅彩色图像的每个像素可以用 3 个 0 ~ 255 的整数表示，那么每幅彩色图像都可以由 3 个矩阵表示。矩阵的大小与图像的大小相同，矩阵中的每个数值都对应一个像素值，大小为 0 ~ 255 的整数。

同样地，在处理文字时，首先要将文字转换成向量，也就是将文字变成计算机可以理解的数字。图像有长和宽，它的数学表示是矩阵；而文字的宽度都是 1，它的数学表示就是向量。将文字转换为向量的过程分为 3 步。

1）分割文本

把一段文字拆成一个个词／单词。

2）建立词汇表

把拆分出的词／单词放到一个列表里，这个列表叫作"词汇表"。每个词／单词都有一个特殊的编号，就像每个人有自己的身份证号一样。

但是，常用的词太多了，词汇表中的常用词有7万多个，如果用这种方法表示，设置编号的工作量太大了。有没有其他更简洁的表示方式呢？

我们需要找一种方法，把每个词／单词转换成向量。向量最好能简短一点，而且相近意思的词／单词对应的向量应该相近，这就像给每个词／单词一个翻译，让计算机能够明白它们的含义。

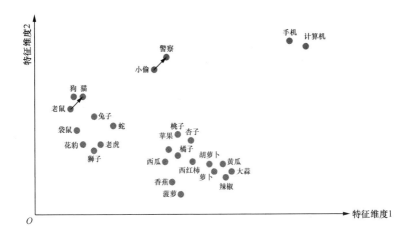

3）把文字转换为嵌入向量

嵌入向量像一个翻译器，用向量表示词/单词，可以让计算机根据这些数字编码理解文字。嵌入向量一般是128维或256维的。我们希望同类属性或意思比较相近的词/单词转换成的嵌入向量的差小一些，而明显不同的词/单词转换成的嵌入向量的差大一些。比较有名的翻译器叫作"Word2Vec"，它也是通过神经网络训练出来的。一旦文字被转换成嵌入向量，计算机就可以通过这些向量完成各种任务，比如分析情感、分类文章、翻译语言等。

例如，"King"这一单词的嵌入向量如下。为了看得更清楚，我们根据单元格的值把它用颜色表示出来（如果值接近 2，则表示为红色；如果值接近 0，则表示为白色；如果值接近 -2，则表示为蓝色）。我们按照这种方式输出一些单词的嵌入向量。

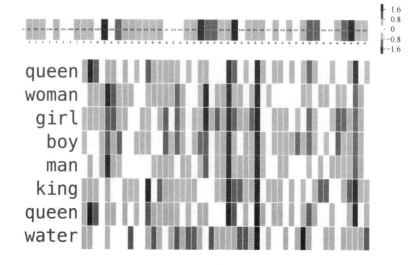

通过上面的"翻译器"（Word2Vec），我们可以获得词/单词的嵌入向量。用 king 对应的嵌入向量，减去 man 对应的嵌入向量，再加上 woman 对应的嵌入向量，结果会是什么？

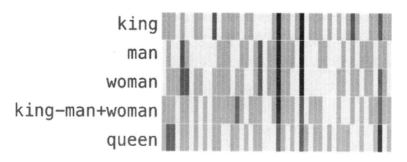

$$king - man + woman \approx queen$$

我们计算出以上的嵌入向量后，搜索与结果最相似的嵌入向量时，惊奇地发现，它是 queen 的嵌入向量。

既然文字可以转换成向量，那么该如何转换成句子呢？学会了第一式的 AI 公子就像劣质的输入法一样，每次只会顺着前一个字往后写，最后写出来的内容往往驴唇不对马嘴。

问答机器人是怎么工作的

像 ChatGPT 这样的问答机器人到底是怎么工作的呢？它是怎么理解人类对话的呢？它怎么能做出合理的解答？

其实，从原理上来说，它并不理解人们的意思。它只通过前面的内容预测下一个词。就好像当 AI 公子听到"AI 公子喜欢？"这个问题时，因为在他的心里这句话已经重复了无数遍，所以他不需要任何思考，就可以脱口而出："马小姐。"

问答机器人也这样，对下一个词的预测是脱口而出的，并不是理解意思后做出的深入思考。

如果你觉得它回答得特别好，那一定是它学习过大量的例子，并且它可以关注的上下文信息比较多。例如：

在包子、饺子、面条中，
AI 公子喜欢什么？

如果 AI 公子脱口而出的还是"马小姐"，那么只能说 AI 公子对上下文的关注区域太小了，每天想着"马小姐"而遗忘了其他词。

这种可以预测下一个词的工具是什么？它是怎么工作的呢？

第二式　旋风拳——循环神经网络

接下来，AI 公子就需要在第一式的基础上学会第二式，也就是综合考虑前一句话的意思，再一个一个地生成后续的词。要考虑时间序列并且不断地把当前时间步的输入转换为下一时间步的输出、处理不同时间步的内容，需要用循环神经网络。

秘　诀

循环神经网络（Recurrent Neural Network，RNN）专门用于处理序列数据（在不同时间步输入的一连串数据），它的结构中有一个"循环连接"，可以记住先前的输入，因此在处理时间序列、文本等序列数据时表现会更出色。

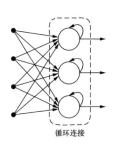

循环连接

具体来说，RNN 通过一个循环连接在不同的时间步接收输入数据（如一个单词或一个时间点的数据）。当它接收到新的输入时，会将之前的状态（记忆）与新的输入一起处理，然后产生一个输出和一个新的状态。这个新状态会在下一个时间步再次传递给 RNN，然后继续接收新的输入，以此类推。

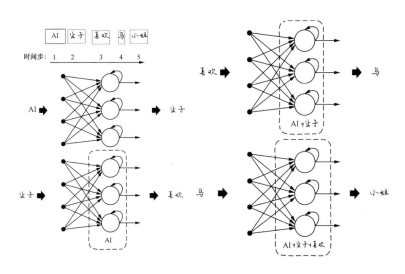

这种循环连接使RNN能够记住之前的信息，并将这些信息与当前的输入一起考虑。这种方式在处理需要考虑上下文和顺序关系的任务时非常有用。

让我们通过一个厨师做菜的例子看看RNN的运行原理。

假设有一位名叫RNN Chef的大厨，他正在制作一道意大利面。食谱是一个由一系列步骤组成的序列，每个步骤都依赖之前的步骤。

（1）烧水。RNN Chef将鸡蛋打碎，得到蛋液。这一步是食谱的开始，也可以看作时间序列的第一个时间步。

（2）加盐。水烧开后，RNN Chef会向锅中加入盐，然后再次等待片刻。这就像是一个时间序列的下一个时间步，因为它依赖前一步。

（3）加入面条。当水烧开并加盐后，RNN Chef会将面条放入锅中，然后继续烹饪。这也依赖前一步的操作。

（4）煮熟面条。RNN Chef会继续煮面，直到面条熟透，这一步可能需要一段时间，它也依赖前一步的操作，而且会持续一段时间。

在这个例子中，RNN Chef就像一个RNN，他按照特定的顺序执行每个步骤，并且在每个时间点的操作都依赖之前的操作。这种上下文依赖类似于RNN中的记忆传递，它在处理序列数据时具有记忆性，可以根据之前的信息做出下一个决策。

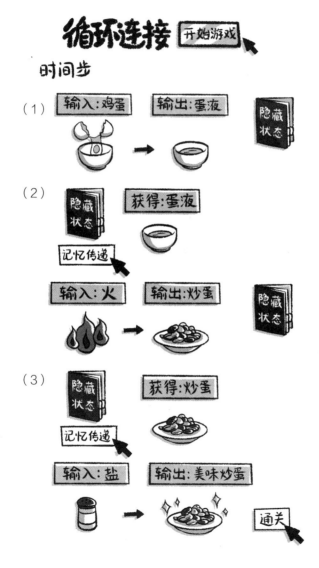

不同于固定的食谱，RNN Chef 的独特之处在于他会根据烹饪过程中的实际情况进行动态调整。比如，如果发现蛋液还没凝固，他可能会在后续步骤中增加翻炒时间。RNN 处理序列的能力类似于这种动态调整，它可以在处理序列时根据先前的输出进行实时调整。

RNN 可以理解句子和段落中的上下文关系，它适用于翻译、文本生成、情感分析等任务。

秘诀

循环神经网络的训练过程如下。

（1）**准备训练数据**：将文本序列分成词/单词，并将它们转换成计算机可以理解的嵌入向量，作为训练数据。

（2）**构建模型**：RNN 有一个**循环连接**，允许信息在不同时间步之间传递，这个循环连接是 RNN 的核心部分。将每个词/单词依次输入模型，并在每个时间步都有一个隐藏状态，用于存储之前看到的词/单词的信息。

（3）**训练模型**：向神经网络输入包含多条文本序列的训练样本。当 RNN 处理一个词/单词时，不仅记录这个词/单词本身，还关注它的上下文。通过神经网络的前向传播得到一个预测值，如果预测得很准确，损失函数将会很小；如果预测得不准确，损失函数将会很大。就这样，RNN 又开始了神经网络经典的训练循环，即"实践→对比正确答案→找出差距→回溯→调整→重新实践→反复迭代"。

（4）**生成文本**：RNN 模型经过训练后，就可以生成新的文本了。

我们给 RNN 模型一个初始问题，它将逐个词／单词地生成答案，直到决定停止或达到所设置的文本长度。

经过了大半个月没日没夜的刻苦训练，距离马小姐的招亲大赛也只剩下 10 天了，让我们看看 AI 公子的学习成果吧。

　　　　爱秋逢佳节；

　　　　马首望月清；

　　　　小院笙歌沸；

　　　　姐儿喜月明。

不错不错，这居然还是首藏头诗，大侠和老爷都很欣慰。

看来 AI 公子已经出师了，接下来就等着他在招亲大赛上大放光彩吧！

忽然，一直在马小姐家的线人来报，说马小姐临时加了一条要求：参赛者要在大赛现场和马小姐对诗！

距离大赛还剩 10 天，AI 公子究竟能否学会对诗并成功迎娶马小姐呢？请看下回分解。

老师的教学笔记

· AI 公子的"实践→对比正确答案→找出差距→回溯→调整→重新实践→反复迭代"基本功已经练习得炉火纯青。

· AI 公子已经掌握短句子的理解、生成和创作。

· 需要提升 AI 公子对长篇文章的理解与创作能力。

城门口告示

杨立昆是"深度学习之父"之一。他最大的成就是提出了卷积神经网络。卷积神经网络是计算机视觉领域的核心模型，推动了计算机视觉领域的发展。他在反向传播算法的改进和推广方面也起到了至关重要的作用，他的工作对提高计算机系统的感知、理解和决策能力产生了广泛影响。

2021 年，他的书《科学之路：人，机器与未来》出版了。这本书讲述了他的整个学术生涯，也讨论了神经网络的发展史。他从一个从业者的角度介绍了神经网络研究的两次低潮，并详细介绍了像他一样的科学家在低谷时期是怎样苦苦坚守的。

他在书里写道："深度学习的能力十分强大却又十分有限。只受过国际象棋训练的机器根本无法下围棋，而且它完全不理解自己所做的事情，它只不过是机械化地执行指令，它所掌握的常识甚至还不如一只野猫。如果以生物的智能做一把标尺，人类的智能为 100，老鼠的智能为 1，那么人工智能在标尺上的位置可能更接近后者，尽管它们在执行十分精确严密的任务时所表现出的性能远超人类。"

第六回

终极大绝招: ChatGPT

马小姐决定在招亲大赛中增加对诗环节，而如今只剩下 10 天的时间，刚刚学会写诗的 AI 公子要怎样才能学会随机应变呢？

大侠翻开了《深度学习》的最后一章 "ChatGPT"。

ChatGPT 简介

ChatGPT 以 AI 公子的口吻为马小姐赋诗一首。

噢，马小姐，您是我心中的月亮，

在繁星闪耀的夜晚，只有您的光芒。

您如花儿般娇艳，如柳叶婀娜，

我在心底默默吟唱，只为您这般娟秀。

比赛的舞台上我踉跄，犹如梦中行走，

画笔在手中颤抖，却写满对您的眷恋。

我的画或许有些许拙劣，颜料间的交织很杂乱，

但请看，这不是画布上的颜色，而是我心中的万般柔情。

马小姐啊，请原谅我拙朴的表达，

爱在心头沸腾，却难以言说。

在这招亲的比赛场上，我不是佼佼者，

但愿您能看到我的钟情之意。

若您能笑纳我的真挚，如同春风拂面，

我将为您奏响一曲爱的乐章。

感激不尽，愿您的心中有我这个憨厚的梦游者。

——ChatGPT

可以看到，ChatGPT 按照要求写出了一封高质量的情书，接下来让我们一起来了解它。

秘 诀

ChatGPT 是由 OpenAI 公司开发的聊天型 AI 应用，全称

是 Chat Generative Pre-trained Transformer。它可以用于回答问题、创作文本，甚至模拟对话，它一跃成为人工智能领域中非常有用的工具。ChatGPT 的核心模型是 GPT，截至 2023 年 3 月，已经发布了 4 个 GPT 版本——GPT-2、GPT-3、GPT-3.5、GPT-4。GPT-2 有 1.5 亿至 1.77 亿个参数（也就是权重），GPT-3 的参数（权重）数量为 1750 亿，而 GPT-4 的参数规模已经达到了 1.8 万亿。

GPT-3 的训练估计需要 355 个 GPU 和 460 万美元（1 美元 ≈ 7 人民币），训练数据集包含 3000 亿条文本。GPT-4 的训练成本更惊人，达到 2150 万美元，训练数据包含 13 万亿条文本。

与 RNN 不同的是，ChatGPT 可以理解和生成更长、更复杂的文本。这是因为 GPT-3 可以关注的上下文窗口中有 4096 个单词。也就是说，它可以理解长度为 4096 个单词的文本，也可以生成长度为 4096 的单词序列。

通过理解 ChatGPT 的结构，我们可以了解如何对更长的文本做出回答。让 AI 公子不局限于前一个人的诗句，而从全局角度对出合理的诗句。

ChatGPT 的训练方式和 RNN 的训练方式一样，模型的目的是生成下一个单词，然后把前面的句子与新生成的单词输入模型中，接着生成下一个单词。例如，文本序列"AI 公子喜欢马小姐"可以转换成下面的训练数据。

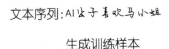

文本序列：AI公子喜欢马小姐

生成训练样本

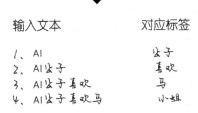

输入文本	对应标签
1、AI	公子
2、AI公子	喜欢
3、AI公子喜欢	马
4、AI公子喜欢马	小姐

看看 ChatGPT 是怎么训练的。

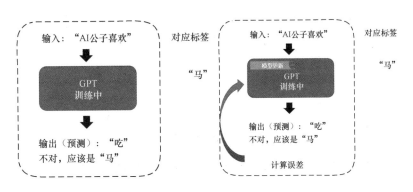

我们再看看 GPT 的内部组成。

GPT 先将文本转换成隐藏向量，也就是数字编码，然后通过魔法盒子预测下一个词 / 单词的嵌入向量，最后将结果向量转换成文本。

再让我们打开魔法盒子，看一下其内部结构。以 GPT-3 为例，它的内部结构非常简单，由 96 个 Transformer 解码器构成，每一个 Transformer 解码器内部的结构一致，都有自己的 18 亿个参数。GPT-2、GPT-3 和 GPT-4 的主要区别在于 Transformer 的数量，也就是说，Transformer 解码器的数量越多，权重参数就越多，性能也就越好。

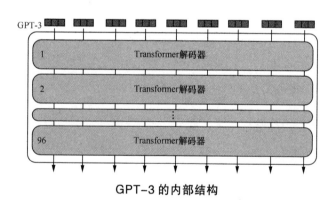

GPT-3 的内部结构

我们再看一下 Transformer 解码器的内部结构。

第一式　弹簧腿——Transformer

Transformer 模型是一种深度学习模型，是一种编码 - 解码结构，就像前面介绍过的自编码器一样。GPT 只用了解码部分，因此我们打开 Transformer 解码器，看看它的内部结构。

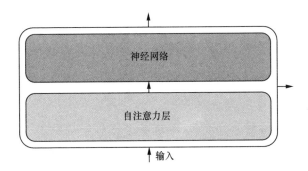

Transformer 解码器的输入首先经过自注意力层，自注意力层的输出被馈送到神经网络。自注意力层用了一种叫作自注意力机制的方法。什么是自注意力机制呢？

第二式　火眼金睛——自注意力机制

那究竟该如何让 AI 公子理解更多的信息呢？大侠打开了《深度学习》的"自注意力机制"一节。

自注意力机制（self-attention）是一种用于处理序列数据的技术，尤其在自然语言处理中被广泛应用。这种机制主要用于让模型在处理输入序列时，能够关注序列中的某些部分，而不是关注整个序列。它在 Transformer 中被首次引入，并在处理序列数据时表现出色。

自注意力机制的核心理念如下：给定一个输入序列，它可以为序列中的每个元素分配一个注意力权重值，用来表示该元素在这个序列中的重要性。这些权重是根据元素之间的相互关系动态计算的，不是固定的。这意味着模型可以根据具体任务决定哪些部分的信息更重要。

自注意力机制的功能很强大，就像我们看书时的划重点。但是 GPT 里用了一种重要的机制——多头自注意力机制（Multi-Head Self-Attention），它使模型可以同时关注输入序列的不同部分，以更好地理解和处理信息。我们可以将其比喻成一种"多个专家"的机制。

与单纯的自注意力机制不同，多头自注意力机制需要"分身"才能实现。要同时从不同角度摘取文本中的关键信息，最后进行整合，才能大幅度地提升对文本的理解效率。

 ## 超级绝招：分身术——多头自注意力机制

多头自注意力机制的核心思想是将输入序列分成多个不同的子序列，然后将每个子序列交给一个专门的"头"来处理，

每个头都会关注不同的重点。多头自注意力机制就像多个专家一起合作，每个专家关注不同方面的信息，然后将他们的知识综合起来，以更好地理解和处理输入序列。这使模型在处理各种复杂的文本数据时更加灵活和强大。

今日大戏

假设输入是一句话"小明喜欢读书，他经常去图书馆"。

多头注意力专家 1 关注代词"他"。

这个头可能会关注"他"这个代词，试图理解"他"指的是谁。它会给"他"分配高的注意力权重，以便模型能够捕捉到"他"指代的是小明。

多头注意力专家 2 关注动词"读书"。

这个头可能会关注"读书"这个动作，以理解谁喜欢读书。它会给"读书"分配高的注意力权重，以便模型能够理解"小明"是谁，并与"读书"相关。

多头注意力专家 3 关注名词"图书馆"。

这个头可能会关注"图书馆"，以理解"小明"去了哪里。它会给"图书馆"分配高的注意力权重，以便模型能够捕捉到小明经常去的地方。

秘　诀

多头自注意力机制的每个自注意力头都有不同的焦点，从而可以关注句子的不同部分，捕捉不同方面的信息。这些关注的重点是根据模型的需要自动学习的，而不是事先固定的。最后，结合多个头的输出，形成一个综合表示。这个综合表示可以用于后续的任务，如问答、文本生成或文本分类。

多头自注意力机制的优势在于它可以处理复杂的句子结构并捕捉不同层面的信息。同时，它能够轻松处理长距离的依赖关系，使 GPT 模型能够捕捉到序列中远距离的关联，如长句子中的主谓关系。这样，GPT 就可以**更好地理解上下文**，更准确地捕捉语言的语义和语法关系。

总之，多头注意力机制提高了 GPT 模型对序列数据的理解和建模能力。正是因为这种灵活性和处理复杂问题的能力，Transformer 模型成为自然语言处理领域的重要里程碑，并在解决各种问题时取得了显著的成功。

努力的日子过得很快，招亲大赛即将拉开序幕，马小姐端坐在帘子后，AI 公子和他的竞争者们摩拳擦掌，期待一决高下。

经过了长达 3 个月的训练后，AI 公子早已经从那个呆小子变成了学富五车的翩翩公子，不仅精通诗词，还对绘画技巧和艺术通史了如指掌。

这不仅归功于认真、负责的大侠，还在于 AI 公子的不懈努力，每日进行"实践→对比正确答案→找出差距→回溯→调整→重新实践→反复迭代"这一过程的学习。

首先进行的是对诗比赛，选手们站成一排，依次写诗，表达对马小姐的爱慕，而 AI 公子排在了最后一位！

赵甲：

> 美丽流传，频看雨湿垂杨泪。
>
> 燕娇莺妒。
>
> 只恐情如醉。
>
> 花重阳春，又是黄昏雨。
>
> 金尊俎。
>
> 长安风味。
>
> 淡月微尘土。

钱乙：

> 小姐相逢不识人，相逢尽是旧时春。
>
> 当时爱马轻如意，今日逢君莫问津。

孙丙：

> 一身行止每天知，万事无如只有诗。
>
> 不是书生犹未死，只因吾道亦何为。
>
> 一生不作无家别，此事元来有梦思。
>
> 若使世间无识者，此心终不与人知。

……

AI公子听完了前面所有竞争者写的诗，决定在字数上取胜，创作一首古体诗来抒发自己对于马小姐的爱慕之情。

AI公子：

隔壁芳邻马小姐，

眉眼如画似桃花。

日日相见犹不足，

思念如潮涌心涯。

琼姿玉貌倩人怀，

翩翩风姿如仙子。

含羞带笑嫣然态，

倾国倾城色魅力。

荷笠莲鞋轻打扮，

宛若仙女下凡间。

飘逸长裙舞风姿，

清香扑鼻人陶然。

若得与此佳人陪，

一生奋斗值千金。

深情厚意永不改，

愿与芳邻共枕衾。

AI公子读完自己创作的诗后，听到了马小姐银铃般的笑声，这可把AI公子开心坏了，看来马小姐很中意他。

马小姐淘汰了大部分人选，只留下了赵甲、钱乙、孙丙三人和 AI 公子这 4 个最终候选人。几个人将依次展示才艺。

赵甲表演的古琴让小姐昏昏欲睡，直接被淘汰。

钱乙表演的书法也没能得到小姐的青睐。

孙丙自己没有什么才艺,但是他带来了一只神奇的动物——来自强化学习门派的吉祥物,一只会下围棋的狗——AlphaGo!

马小姐开始还认真地看了许久,但逐渐觉得无聊,毕竟这只打败了围棋高手的 AlphaGo 早就不是什么新鲜东西了。

现在轮到 AI 公子展示了,只见他缓缓闭上眼睛,一手执笔,另一手研墨,不到半刻钟就画出了一幅精妙绝伦的山水画。

　　马小姐显然被 AI 公子高超的画技吸引了。AI 公子趁热打铁，又画了一幅他钻研良久的肖像画，将一幅马小姐模样的绘画作品呈给了马小姐。

　　招亲大赛在 AI 公子的超常发挥下没有悬念地结束了，AI 公子将会迎娶马小姐。

AI公子看着日日思念的马小姐，冲他点头行礼，看着身边为他开心的父亲和大侠，心中除了对马小姐的心动和在比赛中胜出的喜悦，还有对这半年努力的感慨。

如果没有马小姐的招亲大赛，想必他现在依旧是那个呆小子。而如今，他已经可以熟练地运用"实践→对比正确答案→找出差距→回溯→调整→重新实践→反复迭代"这一学习方法，真正变成独当一面的优秀公子了。

如今，学会了绘画和写诗的他已经实现自己的心愿，但他明白学习之路永远没有尽头，迎接他的还有更广阔的世界。

从神经网络到ChatGPT，AI公子已经给我们带来了太多太多的惊喜，就像大侠曾经对他说过的那样："让我们一起改变世界！"或许在不远的将来，他的新成果会举世瞩目，让我们继续期待这个好学的AI公子给我们带来的惊喜吧！

雷·库日韦尔（Ray Kurzweil）： 美国的发明家、企业家、作家和未来学家，他预测到2045年左右，人工智能将达到足够的水平，能够与人类大脑相媲美，甚至超越。

埃隆·马斯克（Elon Musk）： 美国著名企业家、工程师和发明家，特斯拉（Tesla）、SpaceX等公司的创始人。埃隆·马斯克一直对人工智能的未来发展提出警告，担忧其可能导致灾难性的后果。他曾表示，人工智能可能会变得比人类更聪明，对人类构成威胁。因此，他主张对人工智能进行监管。

斯蒂芬·霍金（Stephen Hawking）：英国理论物理学家、天体物理学家和宇宙学家。他指出，如果人类不能明智地管理人工智能的发展，它可能会对人类社会和文明产生巨大的负面影响。

马克·安德雷森（Marc Andreessen）：美国企业家和风险投资家。他认为，人工智能将成为未来一切产业的关键驱动力，对经济、医疗、教育等领域产生深远影响。他认为，人工智能将推动新的创新浪潮。

比尔·盖茨（Bill Gates）：美国著名企业家、计算机科学家、微软创始人。他指出，人工智能将会为社会创造更多价值，但需要谨慎处理与人工智能相关的伦理和法律问题。